U0351571

浪花朵朵

恐龙比比看

[英] 萨拉·赫斯特 著　[葡] 安娜·塞沙斯 绘　袁枫 译

四川美术出版社

图书在版编目（CIP）数据

恐龙比比看 /（英）萨拉·赫斯特著；（葡）安娜·
塞沙斯绘；袁枫译 .-- 成都：四川美术出版社，
2023.5
书名原文：My first book of dinosaur
comparisons
ISBN 978-7-5740-0527-3

Ⅰ.①恐… Ⅱ.①萨… ②安… ③袁… Ⅲ.①恐龙—
儿童读物 Ⅳ.① Q915.864-49

中国国家版本馆 CIP 数据核字 (2023) 第 020478 号

My First Book of Dinosaur Comparisons
© 2021 Quarto Publishing plc
First published in 2021 by Happy Yak, an imprint of The Quarto Group.
本书中文简体版权归属于银杏树下（上海）图书有限责任公司

著作权合同登记号 图进字 21-2022-409

恐龙比比看
KONGLONG BIBIKAN

[英]萨拉·赫斯特 著　[葡]安娜·塞沙斯 绘

袁枫 译

选题策划	北京浪花朵朵文化传播有限公司	出版统筹	吴兴元
编辑统筹	彭 鹏	责任编辑	杨 东 王馨雯
特约编辑	陆 叶	责任校对	袁一帆
营销推广	ONEBOOK	责任印制	黎 伟
出版发行	四川美术出版社	装帧制造	墨白空间·杨阳

（成都市锦江区工业园区三色路238号 邮编：610023）

开 本	889毫米 × 1194毫米 1/12
印 张	4
字 数	60千
图 幅	48幅
印 刷	鹤山雅图仕印刷有限公司
版 次	2023年5月第1版
印 次	2023年5月第1次印刷
书 号	978-7-5740-0527-3
定 价	68.00元

官方微博 @浪花朵朵童书
读者服务 reader@hinabook.com 188-1142-1266
投稿服务 onebook@hinabook.com 133-6637-2326
直销服务 buy@hinabok.com 133-6657-3072

恐龙比比看

目 录

关于本书

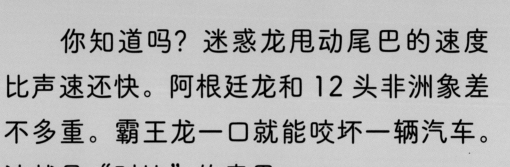

你知道吗？迷惑龙甩动尾巴的速度比声速还快。阿根廷龙和 12 头非洲象差不多重。霸王龙一口就能咬坏一辆汽车。这就是"对比"的意思。

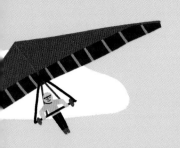

对比不仅是描述事物的一种有趣的方式，而且也非常实用。如果我们能注意到两种事物之间相同或不同的地方，就能够更好地了解它们。

这本精彩的书里随处可见各种各样的对比。这些对比大多是关于恐龙的，也有关于和恐龙同时代的一些史前动植物的。你可以比较它们的身高、体重、速度、生存时代、防御技巧、化石类型、食物、羽毛等许多细节。

对于所有出现在书中的史前动物，本书专门汇总了其基本信息。另外，还有一些有趣的挑战和知识小竞答在等着你呢。

都有哪些恐龙

来看看在本书中你会遇到哪些恐龙和其他史前动物，先认识一下它们吧！

● 表示生存时代 ● 表示体长 ● 表示翼展 ● 表示食性

阿根廷龙
- ●白垩纪晚期 ●约36米 ●植食性

阿马加龙
- ●白垩纪早期 ●约12米 ●植食性

巴塔哥巨龙
- ●白垩纪中期 ●约37米 ●植食性

霸王龙
- ●白垩纪晚期 ●约12.5米 ●肉食性

波塞东龙
- ●白垩纪早期 ●约30米 ●植食性

布拉塞龙
- ●三叠纪晚期 ●约3米 ●植食性

帝龟
- ●白垩纪晚期 ●约4米 ●肉食性

副栉龙
- ●白垩纪晚期 ●约10米 ●植食性

弓鲛
- ●二叠纪晚期 至白垩纪 ●约2米 ●肉食性

果齿龙
- ●侏罗纪晚期 ●约0.75米 ●杂食性

哈特兹哥翼龙
- ●白垩纪晚期 ●约12米 ●肉食性

海王龙
- ●白垩纪晚期 ●约14米 ●肉食性

棘龙
- ●白垩纪早期 至晚期 ●约16米 ●肉食性

甲龙
- ●白垩纪晚期 ●约7米 ●植食性

近鸟龙
- ●侏罗纪晚期 ●约0.4米 ●肉食性

巨保罗龙
- ●白垩纪晚期 ●约15米 ●植食性

恐鳄
- ●白垩纪晚期 ●约12米 ●肉食性

恐爪龙
- ●白垩纪早期 ●约4米 ●肉食性

棱齿龙
- ●白垩纪早期 ●约1.8米 ●植食性

镰刀龙
- ●白垩纪晚期 ●约10米 ●植食性

梁龙
- ●侏罗纪晚期 ●约30米 ●植食性

伶盗龙
- ●白垩纪晚期 ●约1.8米 ●肉食性

美颌龙
- ●侏罗纪晚期 ●约1.3米 ●肉食性

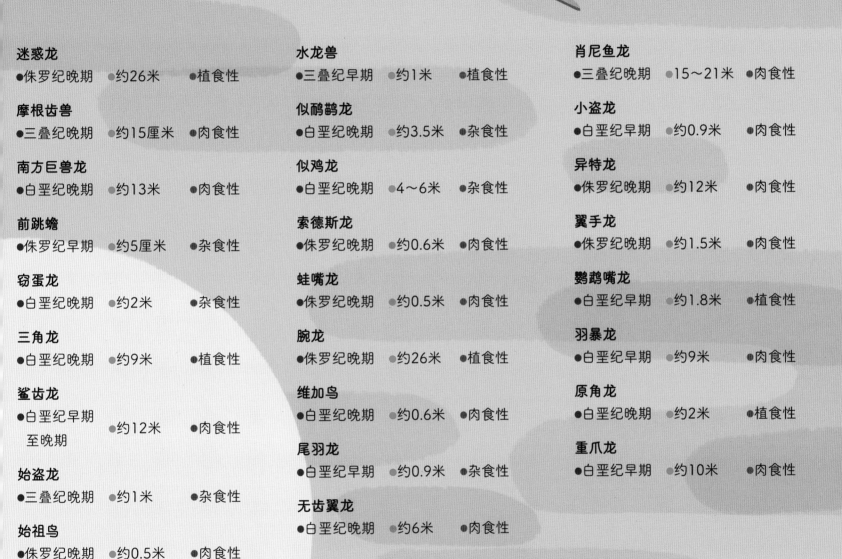

迷惑龙
- 侏罗纪晚期
- 约26米
- 植食性

摩根齿兽
- 三叠纪晚期
- 约15厘米
- 肉食性

南方巨兽龙
- 白垩纪晚期
- 约13米
- 肉食性

前跳蟾
- 侏罗纪早期
- 约5厘米
- 杂食性

窃蛋龙
- 白垩纪晚期
- 约2米
- 杂食性

三角龙
- 白垩纪晚期
- 约9米
- 植食性

鲨齿龙
- 白垩纪早期至晚期
- 约12米
- 肉食性

始盗龙
- 三叠纪晚期
- 约1米
- 杂食性

始祖鸟
- 侏罗纪晚期
- 约0.5米
- 肉食性

水龙兽
- 三叠纪早期
- 约1米
- 植食性

似鸸鹋龙
- 白垩纪晚期
- 约3.5米
- 杂食性

似鸡龙
- 白垩纪晚期
- 4~6米
- 杂食性

索德斯龙
- 侏罗纪晚期
- 约0.6米
- 肉食性

蛙嘴龙
- 侏罗纪晚期
- 约0.5米
- 肉食性

腕龙
- 侏罗纪晚期
- 约26米
- 植食性

维加鸟
- 白垩纪晚期
- 约0.6米
- 肉食性

尾羽龙
- 白垩纪早期
- 约0.9米
- 杂食性

无齿翼龙
- 白垩纪晚期
- 约6米
- 肉食性

肖尼鱼龙
- 三叠纪晚期
- 15~21米
- 肉食性

小盗龙
- 白垩纪早期
- 约0.9米
- 肉食性

异特龙
- 侏罗纪晚期
- 约12米
- 肉食性

翼手龙
- 侏罗纪晚期
- 约1.5米
- 肉食性

鹦鹉嘴龙
- 白垩纪早期
- 约1.8米
- 植食性

羽暴龙
- 白垩纪早期
- 约9米
- 肉食性

原角龙
- 白垩纪晚期
- 约2米
- 植食性

重爪龙
- 白垩纪早期
- 约10米
- 肉食性

回到过去

恐龙生活在很久很久以前，时间跨度包括三个时期，分别是三叠纪、侏罗纪和白垩纪。让我们来对比一下每个时期的差别。

三叠纪：
约2亿5200万～2亿年前

在这一时期，地球上几乎所有的陆地都连接在一起，形成一个巨大的大陆，称为"盘古大陆"。

最早的恐龙出现在这个时期，其中就包括始盗龙，一种可能比你还矮的小型掠食者。

始盗龙

侏罗纪：
约2亿～1亿4500万年前

在这一时期，地球上的陆地分离开来，形成几个较大的陆地板块，并被海洋隔开。

气候比三叠纪时期更冷一些，降雨变多。

红杉

植物繁盛起来。陆地上长满了茂盛的蕨类植物和高大的红杉。

白垩纪：
约1亿4500万～6600万年前

在这一时期，地球上的陆地板块进一步分裂，距离彼此也更远。

重爪龙

凶猛的肉食性恐龙统治着陆地，包括以鱼类和其他海洋生物为食的重爪龙。

恐龙诞生于 2 亿 3000 万年前，在之后的
1 亿 6000 万年间不断壮大，称霸地球。

银杏

苏铁

蕨类

鱼类和乌龟等其他动物
也生活在这个时期。

陆地被沙漠覆盖，
气候炎热干燥。

陆地上生长的植物主要
是蕨类、银杏和苏铁。

三叠纪末期，经常发生
地震和火山爆发。

梁龙

异特龙

始祖鸟

体形庞大的植食性恐龙以植物
为食，而可怕的肉食性恐龙则
以植食性恐龙为食！

始祖鸟生活在这一时期。这种会飞
的恐龙可能是现代鸟类的祖先。

木兰

白垩纪末期，恐龙灭绝了。科学家们认为，
地球遭到小行星撞击，可能使气候变化极快，
导致恐龙无法生存下去。

蝴蝶、蜜蜂和蛇生活
在陆地上。

最早的开花植物出现了。

化石线索

我们通过研究恐龙化石，也就是恐龙死后留下的残骸和遗迹来了解恐龙。让我们一起来看看下面这四种不同的化石吧。

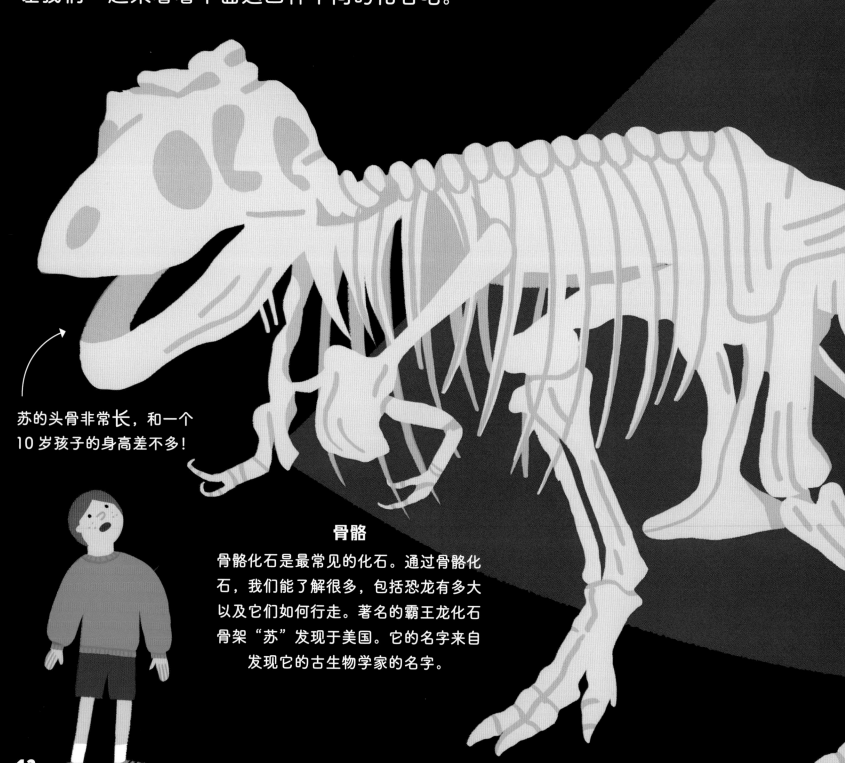

苏的头骨非常长，和一个10岁孩子的身高差不多！

骨骼

骨骼化石是最常见的化石。通过骨骼化石，我们能了解很多，包括恐龙有多大以及它们如何行走。著名的霸王龙化石骨架"苏"发现于美国。它的名字来自发现它的古生物学家的名字。

琥珀

有时候，恐龙身体的某些部分会被黏稠的树脂裹住，继而石化成琥珀化石。这些化石非常特别，因为它们可能包含皮肤和羽毛。

在一块琥珀化石中，科学家们发现了恐龙尾巴的一小部分，上面覆有羽毛。这段尾巴比你的小手指还短！但完整的尾巴可能比这要长很多。

便便！

粪便化石非常稀有。我们同样可以从中了解到很多东西。比如，如果粪便中全是被嚼碎的骨头，那么，排出这些粪便的就是肉食性恐龙，它们的牙齿坚硬又锋利。

这块粪便化石长约 70 厘米，是世界上最大的粪便化石之一。它比一个保龄球还重！

迄今为止最小的恐龙脚印发现于韩国。科学家认为，这些脚印可能是一只麻雀大小的恐龙留下的。

脚印

你知道吗？脚印也能形成化石。脚印能够透露很多信息，包括留下脚印的恐龙有多长，有多重，速度有多快。

从恐龙蛋到成年恐龙

恐龙比其他陆生动物都要庞大，那它们的生长速度有多快呢？我们以霸王龙为例，来看看它从可爱的恐龙宝宝变成可怕的成年恐龙，需要多长时间？

恐龙蛋

和所有恐龙一样，霸王龙最初也是它的妈妈产下的一颗蛋。因为至今还没有发现霸王龙的蛋，所以没人知道它们到底有多大，也没人知道它们到底长什么样子。你觉得霸王龙蛋长什么样？

恐龙宝宝

刚出壳的小霸王龙和一只小火鸡差不多大。和它的爸爸妈妈一比，它看起来简直太小了！它长着一身柔软又蓬松的羽毛，看上去就像现代的鸡宝宝一样。

恐龙宝宝已经长出锋利的牙齿。

幼年恐龙

到 10 岁左右，一只幼年霸王龙就已经和一头雄性北极熊差不多重了。那时候，它那像刀片一样又尖又薄的乳牙还没有脱落。

恐龙蛋的大小

恐龙蛋通常呈圆形或椭圆形，有些看上去像比较长的土豆！现在全世界最大的蛋是鸵鸟蛋，而最大的恐龙蛋比鸵鸟蛋还大 3 倍，形状就像一个巨大的橄榄球。

霸王龙的牙齿被磨掉后，还会长出新牙，就像现代的鲨鱼和鳄鱼那样。

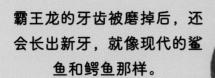

少年恐龙

嗖！和人类一样，霸王龙在十几岁的时候成长和变化得最快。到 15 岁左右，它已经比一个成年人还要高了，而且它还会继续长高！

成年恐龙

到 20 岁左右，霸王龙已经完全成年。它是十几岁时的两倍长，差不多和 4 辆家用汽车一样重。它的牙齿能够咬碎猎物的骨头，是它威力最大的武器。

生长线

科学家会通过数生长线的方式，来计算恐龙的寿命。生长线是指恐龙骨骼内侧的环形纹路。如果一只恐龙死亡时 25 岁，那么它骨骼内侧就会有 25 圈生长线。

15

共同生活

恐龙并不是独自生活的。有些恐龙会聚集起来，一起筑巢或者狩猎。比较一下不同的恐龙是怎样合作的，再看一看，你能不能为它们匹配到行为相似的现代动物？

成群结队

很多植食性恐龙要靠组成集群才能生存下来。

迷惑龙

一头迷惑龙比一辆消防车还要重，但遇到大型肉食性恐龙或成群的掠食者时，它还是难以应付。如果这种巨型恐龙成群结队，敌人就很难攻击它们。

棱齿龙

这种小型恐龙依靠集体的力量来防备敌人，一旦发现危险，它们就会快速逃走，躲避饥饿的掠食者。

巢穴

有些恐龙会成群栖息，这样一来，就有足够多的
成年恐龙轮流守护恐龙蛋和恐龙宝宝。

窃蛋龙

窃蛋龙妈妈会一起筑巢。它们的巢穴呈圆形，对外敞开。
每位窃蛋龙妈妈会在巢里产 5 ～ 20 颗蛋，
然后趴在上面，保证自己的蛋温暖又安全。

集体狩猎

有些肉食性恐龙会集体狩猎，
一起捕杀大型植食性恐龙。

恐爪龙

这种恐龙和 13 岁的孩子差不多高。
它们很狡猾，会集体出击，
捕食比自己大得多的猎物。

知识小竞答

下面有 4 种生活在现代的动物，
每一种都和这两页介绍的
一种恐龙有相似的行为。
你能给它们配个对吗？

翻到第 48 页，
看看你的答案对不对。

狼

瞪羚

企鹅

大象

史前植物

你知道吗？生长在恐龙时代的一些植物，现在仍然存在。一起来看看吧。

蕨类

早在恐龙出现之前，
这种植物就已经存在了。
今天，它们仍然遍布
世界各地。

一棵树蕨能够长到两
只长颈鹿那么高。

木兰树

木兰等开花植物最早出现于白垩纪。
此后，它们迅速遍布全球，
直到今天依然繁盛。对于恐龙而言，
它们的叶子、花朵、果实和种子
都是可口的食物。

木兰花能长到
餐盘那么大！

苏铁

苏铁在恐龙时代非常繁盛。其中一些品种
至今仍能找到，但数量要少很多。

一株苏铁的种子
和四个保龄球
差不多重！

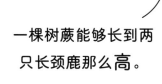

X4

银杏

银杏是我们所知的最古老的树木之一。
它们与最早的恐龙几乎同时出现，
但只有一种银杏树存活至今。
科学家将它们称作"活化石"，
因为在 2 亿多年的时间里，
它们没有发生过太大的变化。

到了秋天，银杏独特的扇形叶片会
变成明黄色，从枝头掉落下来。

一棵银杏树的树干能够
长到和两个小朋友的臂展
加起来一样宽。

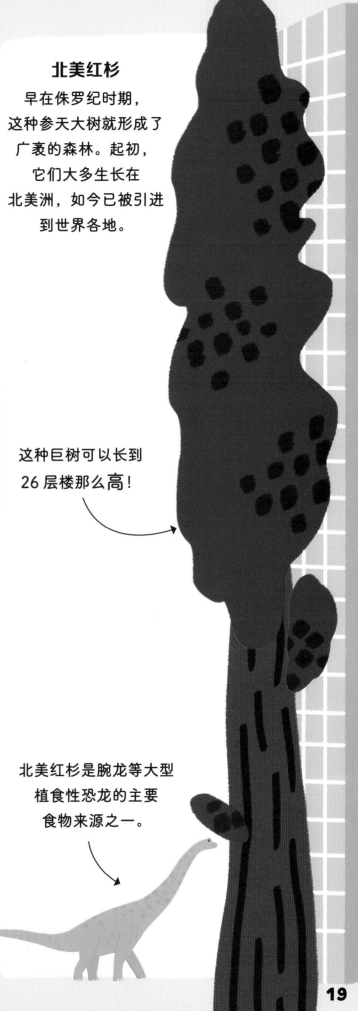

北美红杉

早在侏罗纪时期，
这种参天大树就形成了
广袤的森林。起初，
它们大多生长在
北美洲，如今已被引进
到世界各地。

这种巨树可以长到
26 层楼那么高！

北美红杉是腕龙等大型
植食性恐龙的主要
食物来源之一。

庞然大物

跟巨型恐龙们打个招呼吧！看看它们和楼房、车辆以及我们人类相比，究竟有多大。

阿根廷龙

阿根廷龙是世界上最长的恐龙之一，
它差不多有 4 辆消防车那么长，
有 6 辆消防车那么重。它实在太重了，
走路的时候地面都会震动。但我们没必要害怕这种
巨型恐龙，因为它个性温和，而且只吃植物。

三角龙

尽管是这两页中体形最小的恐龙，但三角龙
仍然让人印象深刻。它和推土机差不多长，
也差不多高。它的外形和非洲象差不多，
它的角会让你想到犀牛。

波塞东龙

这种巨型恐龙抬起头来差不多有 6 层楼那么高！它饥饿的时候，会伸出超长的脖子，去吃树木顶端的树叶。

腕龙

这种植食性恐龙比波塞东龙小一些，但仍然相当庞大！它有 4 层楼那么高。它之所以叫"腕龙"，是因为它的前肢比后肢长，看起来像两条手臂！

霸王龙

这种凶猛的肉食动物比一辆双层巴士还长，而且它足够高，能够透过巴士上层的窗户向车内偷看！它捕食其他恐龙，能用尖锐的牙齿将它们嚼碎。它有 60 颗牙齿，数量是你的两倍多。

和宠物差不多大

真是可爱极了！这些恐龙体形很小，可以养在家里当宠物。把它们和一些你熟悉的动物朋友比比看。你会选择哪种恐龙当宠物呢？

小盗龙

这种小型恐龙差不多是凤头鹦鹉两倍长。它用两条腿走路。它有两双翅膀，能够在空中滑翔，看起来很像鸟类。

小盗龙只吃肉。它会捕食各种小动物。

原角龙

原角龙有点儿像几种生物的结合体。它长着鹦鹉嘴一样的喙，皮肤上有蜥蜴一样的鳞片，大小和一匹迷你马差不多。

原角龙的喙很尖锐，很适合咬断可口但坚韧的树叶。

果齿龙喜欢将肉类和植物混着吃。

果齿龙

这种恐龙长相滑稽，体重比豚鼠还轻！果齿龙之所以那么轻，是因为它后腿的骨头是中空的。它的尾巴差不多是头和躯干加起来的两倍长。

美颌龙

这种恐龙和贵宾犬差不多高。它很灵活，生来擅长追逐！它的身体又轻又窄，尾巴很长，这使它能够跑得很快，又不会失去平衡。

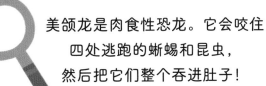

美颌龙是肉食性恐龙。它会咬住四处逃跑的蜥蜴和昆虫，然后把它们整个吞进肚子！

知识小竞答

晚餐时间到了！你能找到这些食物对应的主人吗？快看看每种恐龙旁边的小提示！

翻到第 48 页，看看你的答案对不对。

1.

2.

3.

4.

给恐龙称重

这 4 种恐龙会让你大开眼界。你肯定不希望它们踩到你或者坐到你身上！找出其中最重的那一种，和现在最重的动物比比看吧。

甲龙

甲龙是这两页中最轻的恐龙，但也和一头非洲象（非洲象平均体重约 6 吨）差不多重。

看到它覆满全身的骨板和尖刺了吗？在甲龙遭遇大型恐龙攻击时，它们能像盔甲一样保护着它。

巴塔哥巨龙的腿又粗又壮，支撑着它庞大的身躯。因为身体实在太重了，它不能走得很快，跑得也不快。

巴塔哥巨龙

这种重量级的巨型恐龙差不多有 12 头非洲象那么重。

非洲象

这种大象是现存最重的陆生动物。一头非洲象比 3 辆汽车还重！

南方巨兽龙

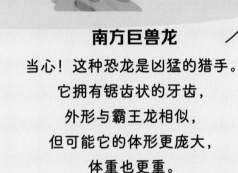

当心！这种恐龙是凶猛的猎手。它拥有锯齿状的牙齿，外形与霸王龙相似，但可能它的体形更庞大，体重也更重。

巨保罗龙

这种恐龙长相怪异，生活在沼泽地，可能擅长游泳。它大约有 4 头非洲象那么重。

巴塔哥巨龙是巨保罗龙 3 倍重。

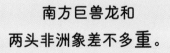

南方巨兽龙和两头非洲象差不多重。

恐龙吃什么

和我们一样，恐龙也从食物中获取能量。来看看它们的菜单上都有什么，再比较一下不同恐龙吃的食物吧！

超级素食者

梁龙是一种蜥脚类恐龙。蜥脚类恐龙的特点是体形庞大，脖子长，4条腿，以植物为食。梁龙比一个网球场还要长！

为了带动自己庞大的身躯，梁龙必须大量进食。它总是吃个不停，早餐、午餐和晚餐时都在不断地吞食植物。它的牙齿并不锋利，形状像钉子，非常适合从树枝上扯下叶子来吃。

这张饼状图较大的部分显示，大约三分之二的恐龙是植食动物（以植物为食）。

较小的部分则显示，大约三分之一的恐龙是肉食动物（以肉类为食）或者杂食动物（既吃植物，又吃肉类）。

梁龙每天要吃掉大约162千克的蕨类植物，差不多相当于让你每天吃掉324盒麦片（每盒500克）！

肉食狂龙

最著名的肉食性恐龙可能就是霸王龙了。
它既是捕猎高手，又是食腐专家，
遇到其他肉食动物吃剩的残渣，
它也会狼吞虎咽，大快朵颐。
它有像锯子一样的牙齿，
能够咬碎骨头！科学家
认为，霸王龙吃东西的
习惯和现代的大型肉食
动物差不多，比如狮子，
一次的进食量很大，
两次进食相隔的时间比较长。

霸王龙会捕食小型植食性恐龙，比如三角龙，尤其会把其幼崽或者它们中的虚弱者当作目标。

杂食恐龙

科学家认为，似鸡龙可能会把食物混在一起吃——既吃肉，又吃植物。因为嘴里没有牙齿，它会把食物整个吞下去！
它的喉里有梳子状的隆起，或许能过滤泥水中的食物，
就像现代的鸭子一样。它的两只前爪可以用来在土壤中翻找食物。

似鸡龙可能以昆虫等小型动物、植物和其他动物的蛋为食。

捕猎高手

许多肉食性恐龙既聪明又强悍，而且拥有致命的武器！来看看下面这两种恐龙，它们的攻击力都令人生畏。比一比谁更厉害？跟现代的捕猎高手比呢？

伶盗龙

伶盗龙虽然只有火鸡那么高，但却是出色的捕猎机器！它捕食各种各样的小型动物，包括其他恐龙的幼崽。伶盗龙以速度著称。它的奔跑速度是霸王龙的两倍快。

它不会飞，但长有羽毛的翅膀或许有助于快速奔跑。

锋利的牙齿用来撕扯猎物的肉。

现代的猛禽，比如鹰，捕捉猎物的方式和伶盗龙类似。

伶盗龙强有力的爪子是致命的武器。它的脚爪更大，而且是弯曲的，能够刺穿并牢牢钩住猎物，使它们无法逃脱！

鲨齿龙

鲨齿龙是致命的猎手。它之所以叫"鲨齿龙"，
是因为它的牙齿呈锯齿状，异常锋利，
而且每颗长约 20 厘米，
就像大白鲨的牙齿一样。

和鲨齿龙一样，
现代的狼也利用敏锐的
感官来追踪猎物。

这种恐龙利用自己的感官捕捉猎物。
它用敏锐的听觉来探听声音，
用鼻子嗅出其他动物的味道，
用双眼紧盯猎物的一举一动。

它巨大的嘴巴里，
长着 60 多颗可怕的牙齿。

鲨齿龙的头部差不多有
浴缸那么大，它的下颌和
颈部都很强壮，可以叼起
比灰熊还重的动物！

知识小竞答

鲨齿龙的眼睛位于头部两侧，
视线朝外，霸王龙的眼睛同样
位于两侧，但视线朝前。
猜一猜，谁的视力更好？
翻到第 48 页，
看看你的答案对不对。

它的前肢长着 3 根指爪，
能够轻松抓住挣扎的猎物！

防御好手

面对敌人的进攻，植食性恐龙会用各种各样的方式保护自己。比一比这两种恐龙的防御方式，再看看与现代的动物相比，它们的防御能力怎么样？

甲龙

这种恐龙和一个成年人差不多高，
和一头非洲象差不多重，
外形有点像坦克。
它身体的大部分都覆盖着骨质装甲。
它还拥有一个重要的武器，
那就是它的尾巴！

骨质尖刺保护着甲龙的背部和身体两侧，大块骨板保护着它的颈部和两肩，使敌人很难咬穿。

现代的鳄鱼和甲龙相似，也拥有粗糙多节的鳞片。

甲龙的尾巴末端有一个沉重的骨锤，只需轻轻一挥，就能完成致命一击。

甲龙柔软的下腹部缺少保护，但这么重的恐龙一般也很难被翻转身体！

坚实的头骨起到了类似防护头盔的作用。就连眼睑上也覆盖着"装甲"。

三角龙

这种恐龙可能看起来慢吞吞的，因为它庞大又笨重，但你不会想离它太近。实际上，它拥有惊人的速度，当冲向敌人时，速度能够达到现代大象的两倍快！

现代的犀牛脸上通常长有一只或两只角。像三角龙一样，它们也用角来保护自己。

颈盾像一面骨质盾牌。颈盾边缘的突起异常坚硬，能够更好地保护三角龙。

三角龙的皮肤很硬，覆盖着鳞片，除非敌人的牙齿特别锋利和结实，否则很难咬穿。

这种恐龙和两头非洲象差不多重，而且体形庞大，要攻击它可不是件容易的事。

三角龙脸上的 3 只角是它最好的武器。两只长角异常尖锐，足以刺伤霸王龙等肉食性恐龙，而且都能长到 1 米左右，和一根高尔夫球杆差不多长！

惊人的技能

不同的恐龙拥有不同的技能，依靠这些技能，它们能够更好地生存和繁衍。一起来看看这些惊人的技能吧。

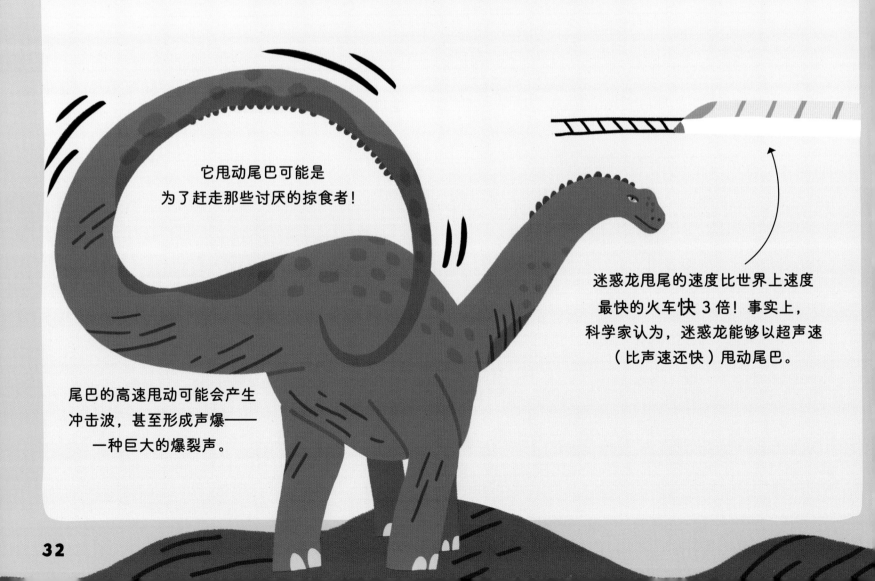

超声速甩尾

迷惑龙是一种蜥脚类恐龙。和所有的蜥脚类恐龙一样，迷惑龙拥有一条超长的尾巴。一些科学家认为，迷惑龙能够以极快的速度左右甩动尾巴。

它甩动尾巴可能是为了赶走那些讨厌的掠食者！

迷惑龙甩尾的速度比世界上速度最快的火车快 3 倍！事实上，科学家认为，迷惑龙能够以超声速（比声速还快）甩动尾巴。

尾巴的高速甩动可能会产生冲击波，甚至形成声爆——一种巨大的爆裂声。

高速冲刺

有些恐龙的速度远远超过其他同类，似鸸鹋龙可能是其中速度最快的。它曾被认为是似鸵龙的一种，外形看起来也有点儿像鸵鸟！

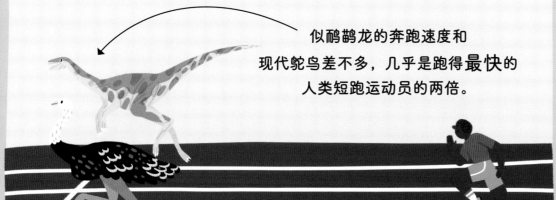

似鸸鹋龙的奔跑速度和现代鸵鸟差不多，几乎是跑得最快的人类短跑运动员的两倍。

致命的猛扑

恐爪龙是一种小型肉食性恐龙。它异常凶猛，会高高跃起，扑到猎物身上，就像一头发动突袭的狮子。

狮子

恐爪龙

恐怖的咬合力

霸王龙的咬合力是所有恐龙中最强的。事实上，科学家认为，它的咬合力在有史以来所有的陆生动物中也是最强的。

人一口能够咬断大约 6 根胡萝卜！

霸王龙一口能够咬坏一辆汽车！

愉快的滑翔

小盗龙能够利用翅膀滑翔，很像现代的鼯鼠。

鼯鼠

小盗龙

空中的生物

恐龙抬起头时，会看到在空中翱翔的翼龙。这些会飞的爬行动物有些很小，有些则很庞大。把它们与今天飞翔在天空的生物和机器比一比吧！

索德斯龙

索德斯就像一只毛茸茸的怪鸟。
它的翼展是小棕蝠翼展的两倍多。

索德斯的尾巴又直又硬，
占了身长的一半以上，
能帮助它直线飞行。

无齿翼龙

这种可怕的翼展极宽，差不多是信天翁的两倍。信天翁是现存鸟类中翼展最宽的。

无齿翼龙没有牙齿，
长长的喙和鹈鹕的很像，
能用来捕捉水中的鱼类。

翼手龙

这种翼龙赫赫有名。它是人类最早研究的的一种翼龙。科学家曾认为它可能是一种史前鸟类或者蝙蝠，甚至一种海洋生物，后来才意识到它其实是一种爬行动物。
它的翼展和海鸥的翼展差不多。

它的颌部很长，
长着约 90 颗尖尖的牙齿，
数量是你的 3 倍还多！

哈特兹哥翼龙

这种巨型翼龙看起来像是来自外太空的生物！

哈特兹哥翼龙站起来有长颈鹿那么高，它的翼展大约有一架大型悬挂式滑翔机那么宽。

它捕食陆地上的动物，包括恐龙。它的喙和颌部张得很开，能将猎物整个吞进肚子！

蛙嘴龙

蛙嘴龙是最早的翼龙之一。它从鼻子到尾巴只有 9 厘米长，和一只中等大小的蜂鸟差不多长。

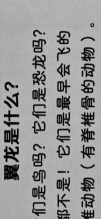

它的眼睛非常大，能够发现体形很小的猎物。

翼龙是什么？

它们是鸟吗？它们是恐龙吗？都不是！它们是最早会飞的脊椎动物（有脊椎骨的动物）。

其他陆生动物

即使是时代的主宰，恐龙也要与许多其他陆生动物共享同一个世界。这其中有些是大型爬行动物，有些是小型哺乳动物。一起来看看吧！

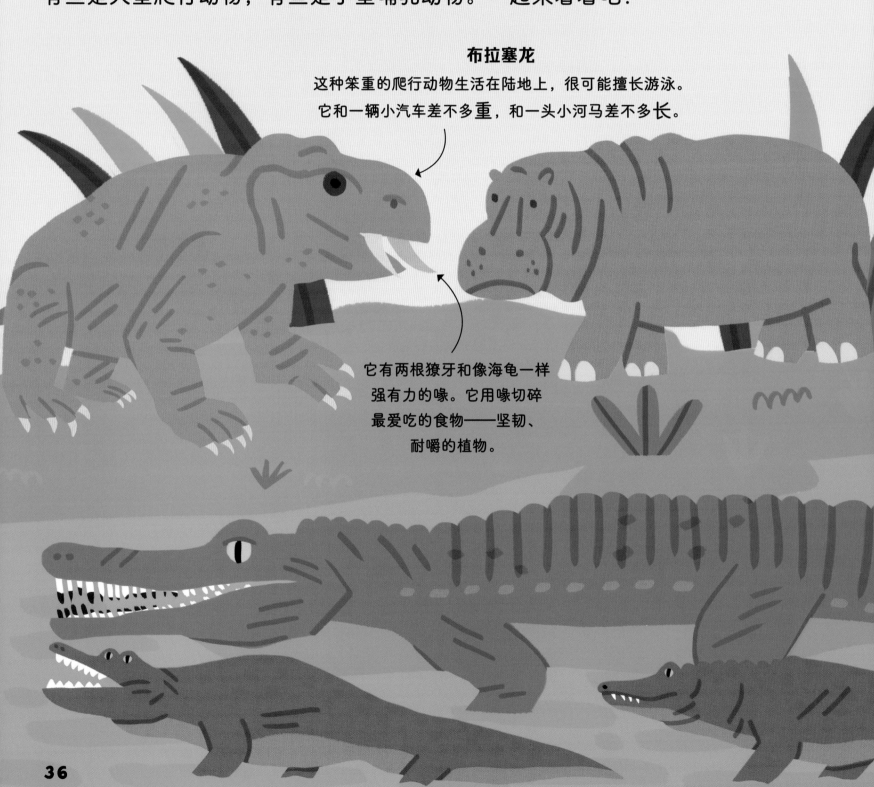

布拉塞龙
这种笨重的爬行动物生活在陆地上，很可能擅长游泳。
它和一辆小汽车差不多**重**，和一头小河马差不多**长**。

它有两根獠牙和像海龟一样
强有力的喙。它用喙切碎
最爱吃的食物——坚韧、
耐嚼的植物。

摩根齿兽

大多数和恐龙同时期的哺乳动物体形都很小。
这种迷你生物很像老鼠，小到可以放在你的手上，
重量比一个苹果还轻！

前跳蟾

这种小型两栖动物生活在侏罗纪时期。
科学家认为，前跳蟾可能是有史以来最早的跳蛙。
它只有 5 厘米长，和一颗大草莓差不多长！

水龙兽

这种爬行动物长相怪异，体长和身高都与
现代的猪差不多。和猪一样，它也喜欢泥巴！
事实上，它大部分时间都在泥地里挖来挖去。

恐鳄

这种巨型爬行动物总是饥肠辘辘的！
它既在水中捕食，也在陆地上寻找食物，
甚至会攻击大型恐龙。它和 3 只美洲
短吻鳄差不多长。美洲短吻鳄是所有
现代短吻鳄中体形最大的。

恐鳄这个名字的意思是
"恐怖的鳄鱼"。

水龙兽能用两根短獠牙将
可口的植物连根拔起。

海洋动物

在恐龙还没有灭绝的时候，巨型海生爬行动物就已经出现了。
你想不想和这些神奇的动物一起畅游海洋世界？

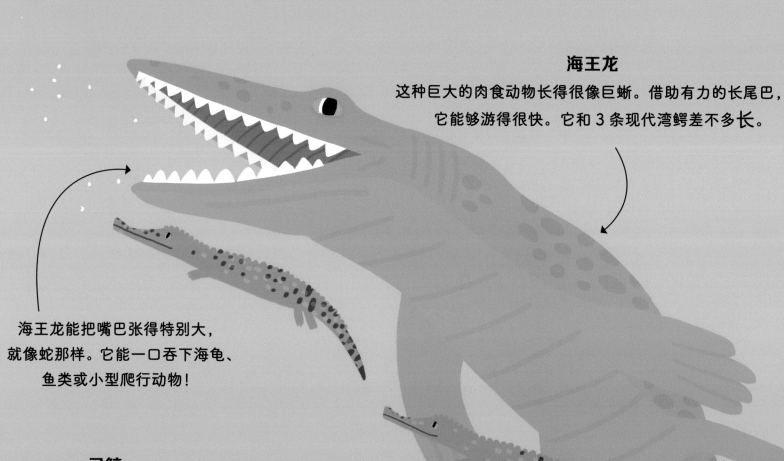

海王龙
这种巨大的肉食动物长得很像巨蜥。借助有力的长尾巴，它能够游得很快。它和 3 条现代湾鳄差不多长。

海王龙能把嘴巴张得特别大，就像蛇那样。它能一口吞下海龟、鱼类或小型爬行动物！

弓鲛
这种大型鱼类是一种早期的鲨鱼。它的身长超过一个普通的成年男性，但差不多只有现代虎鲨的一半长。

弓鲛拥有强有力的下颌，下颌前部长着锋利的牙齿，能够捕捉湿滑的鱼类，而扁平的后牙则能够咬碎贝类。

肖尼鱼龙

这种爬行动物看起来更像一条大鱼！它会浮出水面呼吸，然后潜入深海，捕捉美味的鱼类和鱿鱼。

肖尼鱼龙的口鼻部较长，
4 条鳍状肢较窄。

知识小竞答

需要多少名潜水员
手脚相连排成一排，才能和
一头肖尼鱼龙差不多长？
翻到第 48 页，
看看你的答案对不对。

帝龟

来认识一下帝龟，它是所有
海龟的祖先。它是现存最大的
海龟——棱皮龟的两倍大。

"老古董"

许多生活在今天的海洋动物，
早在恐龙出现之前就已经存在了。
这些动物包括各种海星、章鱼和水母等。

吃不饱的巨型恐龙

快来参观这种巨型植食动物！阿根廷龙是体形最大的恐龙之一。让我们来详细了解一下它的特征吧。

阿根廷龙拥有庞大的身躯，但它的头部和脑部却很小！

它的脖子差不多是其躯干的两倍长。

阿根廷龙会不停地进食。它的牙齿并不锋利，但却是可靠的工具。阿根廷龙利用它不断地把树叶从树上扯下来，然后再整个吞进肚子。

你可以轻松地从它身体下面跑过去！它粗壮的四肢差不多是一个 4 岁儿童的两倍高。

这头巨型恐龙从鼻子到尾巴大约有 6 条网纹蟒那么长。

重量级选手

阿根廷龙和 6 辆消防车
或者 12 头非洲象差不多重。
它可真是个大家伙呀！

X12

深深的脚印

阿根廷龙能踩出两米深的脚印，
足够一个成年人躲在里面！

10 块巨大的脊骨构成了这部分脊椎。
每块脊骨都和一个成年人差不多大！

科学家认为，阿根廷龙可能有
5 个成年人摞起来那么高。

它的尾巴差不多是其躯干的 3 倍长。

这是一坨超级便便。
阿根廷龙一天排出的粪便量
可能和一辆小汽车差不多重！

长羽毛的恐龙

大部分恐龙长有鳞片，就像现代的蜥蜴和鳄鱼一样，但也有许多恐龙长有羽毛。这几种长羽毛的恐龙大名鼎鼎，来比较一下它们吧。

羽暴龙

这种恐龙体形庞大，和一辆消防车差不多长。在迄今为止发现的所有长羽毛的恐龙中，它是最大的。它长着一层浓密的长鬃羽，就像现代的鸸鹋一样。它生活在寒冷的森林里，因此，科学家认为鬃羽能起到保暖的作用。

羽暴龙的每根鬃羽都和一支铅笔差不多长。

羽毛类型

恐龙有 3 种羽毛：

鬃羽

管状的鬃毛，
有点像头发。

枝羽

沿着坚硬的羽轴呈扇形展开，
类似于现代鸟类的羽毛。

绒羽

柔软蓬松，
像小鸡身上的绒毛。

尾羽龙

这种恐龙看起来很像鸟类。
它有两种羽毛：身上（除前肢和
尾巴外）蓬松的绒羽，前肢和
尾巴上的枝羽。尾羽龙和孔雀
差不多大，可能也会像孔雀一样，
用尾巴上的羽毛吸引异性。

它尾巴上的枝羽约有 20
厘米长，长度和大个儿
的香蕉差不多。

它不会飞，但在奔跑时，
可能会用长有羽毛的短小
前肢控制方向。

近鸟龙

这种全身长满羽毛的恐龙体形很小，这两个页面就足够容纳它！
柔软的鬃羽和绒羽覆盖着它的颈部、躯干和尾巴。近鸟龙不会飞，
但四肢上坚硬的枝羽使它能够滑翔。
它头上红褐色的羽毛可能起到吸引异性的作用。

这条卷尺让近鸟龙的身长（从喙到尾巴）一目了然。

奇形怪状

你有没有注意到，某些恐龙的特征非常奇特？一起来看看吧！

帆状脊背

这种长得像龙的恐龙名叫棘龙，
它是所有肉食性恐龙中体形最大的。
科学家认为，它那怪异的帆状脊背
可能起到控制体温的作用。

鹦鹉脸

鹦鹉嘴龙的头和嘴巴的形状
很像鹦鹉，这也是它的名字的来源。

支撑帆状脊背的是巨大
的神经棘，每一根都和
一个成年男性差不多高。

鹦鹉嘴龙用 4 条腿走路。
它差不多有两米长，
这个体长是金刚鹦鹉的两倍。

颈部尖刺

阿马加龙后颈上有两排长尖刺，看起来就像刺状的马鬃毛。这两排锋利的尖刺向后倾斜，可能是用来攻击敌人的。

最长的尖刺和一个成年男性的胳膊差不多长。

剪刀手

镰刀龙的长相非常奇特。它的头很小，肚子很大，每只手上都有 3 根像剪刀一样的大钩爪。在地球历史上，它的爪子或许是所有恐龙甚至动物中最长的！

每根爪子的长度都和一个 5 岁儿童的身高差不多。

能发出声音的头冠

副栉龙长着一顶奇怪的头冠。头冠由长长的骨头构成，内部中空。很多恐龙都有这样的头冠。科学家认为，副栉龙能用头冠发出像喇叭一样的声音，从而呼唤同伴。

短小的前肢

与身体的其他部位相比，霸王龙的前肢异常短小。目前，科学家仍在研究其中的原因。你觉得是为什么呢？

轰——隆！

科学家认为，大约 6600 万年前，一颗巨大的小行星（太空中的岩石）撞击了地球，恐龙因此灭绝。一起来了解更多关于这场灾难的信息吧！

灾难前的地球

地球气候温暖，阳光明媚，植物繁盛，各种各样的动物在陆地上、天空中和海洋里繁衍生息。

灾难后的地球

这场灾难摧毁了地球上大部分的动物和植物，包括不幸的恐龙！

地球变得寒冷又黑暗。海洋巨浪翻滚，火山爆发。后者使大量尘埃上升到空中，遮挡了阳光。

X4

撞击地球的小行星体积巨大。它的直径长约 10 千米，差不多是美国旧金山金门大桥长度的 4 倍。

小行星撞击地球后，在地球上留下了一个巨大的陨石坑。这个陨石坑非常深，即便是世界上最高的山峰珠穆朗玛峰——顶上再加一座珠穆朗玛峰——都可以轻松放进去！

幸存的生物

大多数幸存下来的都是小型肉食动物，比起身躯庞大的恐龙，它们需要的食物更少。许多幸存下来的动物都生活在地下、水里或者空中。

不少外形像鸟又会飞的小型恐龙也活了下来！它们是现代鸟类的远古近亲。

维加鸟

维加鸟就是幸存者之一。这种吃鱼的鸟是现代鸭子和鹅的近亲，甚至可能会像鹅一样鸣叫！它的个头和现代的绿头鸭差不多。

答案

快来看看你的答案对不对吧！

第17页

- 恐爪龙的行为像现代的狼。
- 棱齿龙的行为像现代的瞪羚。
- 窃蛋龙的行为像现代的企鹅。
- 迷惑龙的行为像现代的大象。

第29页

霸王龙的视力比鲨齿龙的更好，因为朝向前方的双眼既可以聚焦于同一物体，又可以更好地感知物体的远近。

第39页

需要 8 名潜水员。

第23页

碗里的食物属于：

1. 原角龙

2. 美颌龙

3. 果齿龙

4. 小盗龙

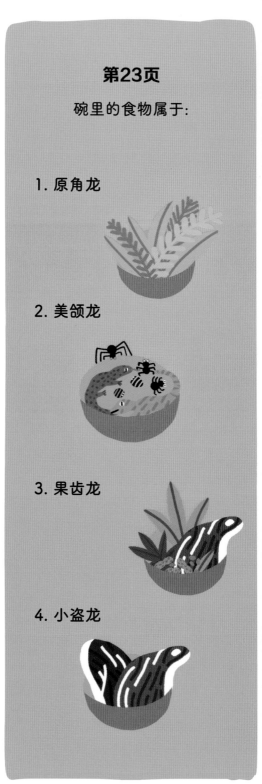